LA TERRE

ET

L'IMPOT

PAR

H. VITAL BERTHIN.

Prix: 1 fr.

PARIS

E. DENTU, ÉDITEUR

Palais-Royal, 17 et 19, Galerie d'Orléans.

—

1869.

LA TERRE

ET

L'IMPOT

LA TERRE

ET

L'IMPOT

PAR

H. VITAL BERTHIN

Prix: 1 fr.

PARIS

E. DENTU, ÉDITEUR

Palais-Royal, 17 et 19, Galerie d'Orléans.

1869.

VIENNE, IMPRIMERIE ET LITHOGRAPHIE DE J. TIMON. — 1869.

LA TERRE & L'IMPOT.

I.

L'indifférence en matière d'impôt est un des signes de notre époque sceptique. Cette indifférence n'a pas eu d'autre cause que les prétentions exclusives de ces utopistes dont l'idée fixe a toujours été de chercher la panacée universelle dans l'application d'un système. Le public, témoin de l'impuissance de ces alchimistes de l'économie sociale, et préférant le *statu quo* aux théories subversives, s'est endormi, découragé, sur l'oreiller du doute. Mais si, comme le dit Montaigne, le doute est un bon oreiller, ce n'est pas, du moins, lorsque la tempête s'accuse à l'horizon, ne fût-ce que sous la forme d'un simple point noir.

Lorsque le péril est en vue, et c'est ici le cas, il faut, pour le conjurer, se remettre à la recherche de cette

vérité qu'on ne saurait rencontrer ni dans les nuages
de l'utopie, ni dans l'ornière de la routine. Plus
d'indifférence ! Le sphinx ne peut attendre indéfiniment
la solution du problème, et le danger grandit en raison
du retard.

Le pays a-t-il senti qu'il touchait à ce moment critique
lorsqu'à l'occasion des affaires de la ville de Paris il a
énergiquement blâmé les dépenses excessives et illégales ?
Nous le croyons. Mais qu'il se garde bien de s'en tenir à
une protestation isolée. Il est nécessaire qu'il concentre,
désormais, toute son attention sur la question financière.
Il faut que le budget apoplectique qui lui prend annuellement le 6ᵉ, sinon le 5ᵉ de son revenu, achève de lui
ouvrir les yeux. Il comprendra bien vite, alors, que
l'impôt, par son exagération croissante, a cessé d'être
un instrument de civilisation et de progrès pour devenir
une source de malaise et de ruine.

L'impôt, cette nécessité sociale, n'est plus, comme
autrefois, une sorte de tribut : c'est, aujourd'hui, de par
le droit nouveau, une prime d'assurance payée par le
particulier à l'État. Mais l'État n'ayant aucun bénéfice
à réaliser à nos dépens, cette prime doit être aussi
modérée que possible. En est-il ainsi ? A l'heure qu'il
est, cette prime est si exagérée, et le flot des dépenses
publiques monte d'une manière si inquiétante qu'on
en est réduit à se demander s'il est raisonnable que,

pour parer aux éventualités d'un incendie, on coure le risque de se noyer.

Les tristes résultats de l'abus de l'impôt ne doivent être un mystère pour personne. En l'état actuel, la société n'a pas de plus terrible ver rongeur. L'impôt c'est le mal ! Cela saute aux yeux de quiconque étudie avec impartialité notre organisation financière.

L'impôt c'est le mal : telle est la vérité qu'il est urgent de démontrer. Nous nous placerons pour cela au point de vue de ces populations rurales et agricoles qui forment près des trois quarts de la nation, et qui sont plus douloureusement affectées que les populations des villes par la pesanteur des charges publiques.

Cette vérité une fois divulguée, nous chercherons quels sont les remèdes propres à guérir un mal dont la gravité n'échappe à personne, le tout sans parti pris, sans idées systématiques, et ne cherchant, dans notre complète indépendance d'esprit, qu'à servir la grande cause de la France agricole.

— 8 —

II.

Les plaintes des populations rurales touchant l'impôt ne datent pas d'hier ; mais il est juste de reconnaître qu'elles ne furent jamais mieux fondées qu'à
l'heure présente. Traitant la question au point de vue
de l'actualité, nous ne rechercherons pas quelle a été,
dans le passé, l'influence de l'impôt sur les classes
agricoles : le présent ayant seul le droit de nous préoc-
cuper, le passé ne sera pris que comme terme de compa-
raison. Nous entrerons donc de suite dans notre sujet
en cherchant à donner une idée du fardeau sous lequel
gémissent les habitants des campagnes, fardeau qui
devient accablant lorsque l'inclémence du ciel empêche
les saisons de tenir leurs promesses.

En 1848, M. Rouher, qui demandait un mandat de
représentant aux électeurs du Puy-de-Dôme, plaçait,
dans sa profession de foi, parmi les conquêtes *dont
l'urgence lui semblait évidente, la réduction d'impôts
écrasants pour le pauvre et le cultivateur.* Ces réformes
sont-elles, à l'heure qu'il est, moins urgentes qu'alors ?
Nul n'oserait le soutenir en présence d'un budget d'environ 2 milliards 300 millions, lorsque la moyenne des

budgets des dix dernières années du règne de Louis-
Philippe n'a pas atteint le chiffre de 1 milliard 500
millions.

On parle d'accroissement de la richesse publique. Au
point de vue de l'agriculteur, cet argument n'a aucune
portée : le prix de la terre n'a pas augmenté d'une manière sensible. Mais ce qui, en revanche, a progressé
extraordinairement ce sont les frais d'exploitation, dus
à la disette de bras et de capitaux qui n'a cessé de
sévir depuis les grands travaux des villes, les gros con-
tingents militaires et les énormes emprunts. La culture,
par suite des défrichements, a gagné en étendue, mais
non en intensité. Le produit général a pu s'élever,
mais les bénéfices du cultivateur n'ont fait que décroî-
tre. Si donc la situation de l'agriculteur a changé depuis
vingt ans, ce n'est que pour devenir pire.

Le recensement des populations rurales, propriétaires
du sol, donnera bien vite une idée de l'étendue d'un mal
si douloureux à constater en prouvant que le pauvre
possède, presque sans exception, un morceau de cette
terre si lourdement chargée d'impôts.

Le nombre des possesseurs du sol était, en 1851, de
8,769,714. Aucun recensement n'a été fait depuis cette
époque, antérieure à l'annexion de la Savoie et du
comté de Nice. Aujourd'hui, ce nombre est considéré
comme s'élevant à 10 millions environ. Ce chiffre ne

paraîtra pas trop fort si l'on songe qu'en France il y a 14,123,117 cotes foncières.

En multipliant le chiffre de 10 millions de propriétaires ruraux par 3, moyenne d'une famille, on obtient 30 millions. Pour éviter jusqu'à l'ombre de l'exagération abaissons ce chiffre de 2 millions : il reste 28 millions de Français, sur 38 millions 192 mille, qui peuvent dire, hors des villes : *notre champ, notre maison*.

Quoi de plus éloquent que de pareils chiffres ? **Et** ne démontrent-ils pas d'une manière éclatante jusqu'à quel point l'intérêt des masses se trouve étroitement lié à celui de la propriété foncière ? Cette vérité n'est pas ignorée, sans doute, mais elle est de celles qu'on laisse dans l'ombre et dont on ne déduit aucune conclusion.

Il est temps d'en finir avec un si triste oubli, une aussi dangereuse inconséquence. Il est temps que ceux qui désirent sincèrement le bien-être des masses ne perdent plus de vue la situation de l'immense majorité du peuple français. Cette première condition est indispensable pour sortir du vague, de l'utopie, des réformes illusoires, et pour toucher, c'est le cas de le dire, à la terre ferme de la réalité.

Une première conclusion découle de cette situation : si l'impôt pèse trop lourdement sur les masses rurales et agricoles, qui composent près des trois quarts du pays.

la nation entière doit en souffrir. Ainsi le veut la loi
de la solidarité, grande loi qui relie non-seulement les
citoyens entre eux, mais aussi, au travers des océans,
les nations entre elles. « Les nations, a dit Proudhon, ne
« peuvent vivre, prospérer ou pâtir isolément; il faut
« qu'elles se sauvent ou qu'elles se perdent ensemble. »
Serait-il possible de méconnaître chez les citoyens d'une
même nation cette communauté d'intérêts, qui, au point
de vue économique, existe chez les peuples les plus
divers? Non, et il est temps que le préjugé contraire
cesse de monter la garde à la porte d'un égoïsme mal
entendu. N'en doutez plus : la diffusion et le rayonnement
de l'aisance du grand nombre profite singulièrement au
bien-être de tous, et soyez bien persuadés que soutenir
la cause de la terre c'est soutenir celle de la prospérité
générale.

Plus on y songe et plus cette vérité s'empare irré-
sistiblement de l'esprit. L'agriculture n'est-elle pas la
première et la plus importante de nos industries?
N'est-elle pas la clé de voûte de toutes les autres, et son
état de souffrance ne doit-il pas réagir sur toutes
les manifestations du travail national? Poser ces questions c'est les résoudre affirmativement. Mais, se deman-
dera-t-on, la pesanteur des charges qui grèvent la propriété foncière, en appauvrissant l'agriculteur, ont-elles
encore pour résultat de nuire sérieusement à l'agriculture? Elles lui nuisent encore plus qu'à l'agriculteur,
— telle est la vérité.

« Trop imposer la terre, a dit Thiers, c'est frapper
non pas tant l'agriculteur que l'agriculture elle-même,
en augmentant les frais de celle-ci, bien que l'agriculteur se ressente aussi de l'amoindrissement de son industrie. »

Proudhon a exprimé la même idée avec cette énergie
de style qui lui est propre : « L'impôt foncier agit sur
l'agriculture comme le jeûne sur le sein de la nourrice :
c'est l'amaigrissement du nourrisson. »

L'exagération des impôts a donc l'inconvénient de
porter un grand préjudice à l'agriculture ; inconvénient
énorme pour une nation essentiellement agricole comme
la France. C'est diminuer sa principale source de prospérité et la frapper dans son intérêt le plus cher.

Notre sol est aussi fertile que le sol anglais ; nos
vaillants agriculteurs ne le cèdent en rien, sous le
rapport de l'activité, à ceux de nos voisins d'outre-
Manche ; d'où vient donc l'infériorité marquée de notre
agriculture comparée à l'agriculture anglaise ?

« On s'étonne souvent, dit encore Thiers, de l'infériorité de l'agriculture française par rapport à celle
de l'Angleterre, et on ne veut pas en voir la raison :
Il n'y a pas, en Angleterre, d'impôt foncier. »

En France, l'impôt foncier atteint, en moyenne,

avec les centimes départementaux ou communaux, la
7e ou la 6e partie du revenu. Ici, d'après Lemire, il
est de 5 à 10 p. 0/0, là de 20 à 30 p. 0/0. — En
1866, M. de Tillancourt disait à la Chambre que dans
certains départements on paye jusqu'au 29 p. 0/0 au
percepteur pour les impôts directs.

Mais ce n'est pas tout : après avoir payé l'impôt
foncier et les autres impôts directs, l'agriculteur est
encore sous le coup des droits sur les successions, sur
les rentes, sur les donations, sur les échanges ; des
droits de greffe, d'hypothèque, etc. Croit-il, enfin, en être
quitte ? Il aurait tort de le penser ; ce serait compter
sans son hôte, le fisc, et sans les impôts de consommation. — Car dans les impôts, pour nous servir d'une
expression de Bastiat, il y a *ce qu'on voit et ce qu'on ne
voit pas ;* et c'est instinctivement que les contribuables
se récrient sur la pesanteur de l'impôt, car il en est
peu qui sachent au juste ce qu'ils payent.

Nous ne sommes pas, sur cette matière, de l'avis de
M. de Parieu, qui semble ranger la vérité sur l'impôt
parmi les vérités qui ne sont pas bonnes à dire. Au
point où en sont les choses on ne saurait trop éclairer
cette question. Puisse l'aspect du mal dans toute son
étendue inspirer aux hommes de bonne volonté et de
progrès la ferme résolution de le limiter et de le réduire !

Voici ce que dit M. de Parieu : « Comme la misère

et l'ignorance sont fortement enracinées dans le monde, les artifices qui dérobent à la plupart des citoyens le chiffre exact des taxes qu'ils acquittent ne cesseront pas de longtemps d'être licites et de renfermer, pour ainsi dire, une *anesthésie bienfaisante*, d'autant plus que les procédés qui cachent à certains contribuables les taxes qu'ils acquittent facilitent tout au moins à d'autres qui sont plus éclairés le payement de leur part afférente dans le même fardeau. »

La fin de la phrase est peu compréhensible ; dans tous les cas l'aveu qu'elle contient dans sa première partie en est aussi précieux que le style. Il démontre qu'aux impôts que l'on paye sciemment il ne faut pas manquer d'ajouter ceux qu'on acquitte sans le savoir.

En 1849, Bastiat prononçait à la tribune de l'Assemblée législative un discours sur l'impôt des boissons, où nous trouvons ces paroles : « Avec tous ces impôts détournés, dus à la ruse, le peuple murmure et s'en prend à tout : au capital, à la propriété, à la monarchie, à la république ; et c'est l'impôt qui est le seul coupable. »

Oui, c'est l'impôt qui est le seul coupable ; c'est lui qui épuise les sources du capital ; c'est lui qui, cruel ennemi de la propriété, là l'écrase, ici la confisque ! Oui, c'est lui qui renverse les gouvernements en introduisant dans la place la pâle misère, cette avant-courrière des révolutions !

———————

III.

Après l'esquisse à grands traits qui vient de passer sous ses yeux, le lecteur doit être suffisamment renseigné sur la situation de la terre devant le fisc. Il faut, maintenant, chercher quelles sont les causes qui la condamnent à nourrir, jusqu'à l'épuisement, les impôts insatiables qui composent le budget.

Ces causes sont de diverse nature, et il est juste d'indiquer d'abord celles qui, planant sur l'ensemble de la question financière, sont communes à toutes les classes de contribuables : nous voulons parler de certains préjugés toujours vivaces malgré la guerre à outrance que les économistes ont entreprise contre eux ; et ils vivent, chose triste à dire, sous la protection de l'opinion publique, cette reine dont l'indulgence favorise trop souvent les plus déplorables erreurs.

Sous le règne de Louis-Philippe, un prince, prisonnier à Ham, écrivait : « Non-seulement la routine conserve comme un dépôt sacré les vieilles erreurs, elle s'oppose encore de toutes ses forces aux améliorations les plus légitimes et les plus évidentes, et il est bien triste que, sous certains rapports, la France ait donné les exemples les plus remarquables de cette antipathie du progrès. »

La France n'a guère profité des leçons que l'expérience lui a données ; aussi la routine et les préjugés sont demeurés ce qu'ils étaient : nos plus redoutables ennemis.

Quant aux gouvernements, il serait injuste de les rendre complétement responsables de situations qu'ils n'ont pas créées, la plupart du temps, car ils sont tous obligés de porter le fardeau des errements de leurs devanciers. « Celui qui étudie avec zèle et bonne foi, dit Proudhon, dans sa *théorie de l'impôt*, les institutions des peuples, ne tarde pas à s'apercevoir que dans le mal-être dont les populations accusent leurs gouvernements le mauvais vouloir et la tyrannie des princes comptent pour infiniment moins que la fausseté des systèmes. » On a vu que telle était aussi l'opinion de Bastiat.

Si nous avons cité l'opinion du prince qui occupe aujourd'hui le trône de France, c'est donc dans le simple but d'indiquer la première cause du mal dont nous souffrons. Cependant, pour rendre à César ce qui appartient à César, il est bon de reconnaître, en passant, que le gouvernement actuel ne s'est pas fait faute d'approfondir l'antique ornière creusée par ses devanciers.

Mais, encore une fois, le mal, bien que moins grand, existait avant lui, car ce n'est pas d'hier que l'on croit qu'une nation doit s'endetter pour être riche, se surcharger d'impôts pour être prospère. Erreurs funestes que couronne dignement cette dernière maxime : « Il faut tirer de l'impôt tout ce qu'il peut donner. »

C'était, on le sait, l'opinion de Louis XIV, qui s'imaginait qu'un gouvernement fait aller les affaires en dépensant beaucoup. Mais les dernières recommandations de ce prince à son successeur montrent qu'il n'emporta pas ce préjugé dans la tombe.

Éclairés par les leçons de l'expérience, n'attendons pas de nouveaux désastres pour cesser de croire que l'impôt, comme le roi Midas, change tout en or. Notre salut est à ce prix. L'opinion publique peut seule exercer, aujourd'hui, une pression assez forte pour empêcher le budget de s'élever démesurément au-dessus de l'étiage. Elle seule peut avoir l'autorité nécessaire pour dire au flot toujours montant des dépenses de l'État : « Tu n'iras pas plus loin. »

Un jour, dans une discussion sur les affaires publiques, quelqu'un dit à Quesnay : « Ah ! vous en conviendrez, c'est la hallebarde qui nous mène. » La réponse de Quesnay est bien connue : « Oui, dit-il, mais qui pousse les hallebardes ? N'est-ce pas l'opinion publique ? » Le temps n'a fait que justifier davantage les paroles de Quesnay. — C'est donc sur l'opinion qu'il faut agir plus que jamais en combattant à outrance les préjugés qui pourraient l'égarer encore.

Les économistes les plus distingués sont depuis long-temps entrés en campagne. « L'impôt, dit Michel Chevalier, prend au contribuable des sommes dont la majeure partie, si on les lui eût laissées, fût devenu du capital. L'impôt consomme ainsi la substance de l'amélioration populaire. Lors donc qu'on se propose d'améliorer le sort des pauvres, on modère l'impôt et on l'emploie utilement : on le consacre, autant que possible, à ce qui doit favoriser la production de la richesse, et, sur ces divers points, on est inflexible. »

« Les avantages que les fonctionnaires trouvent à émarger, dit Bastiat, *c'est ce qu'on voit.* Le bien qui en résulte pour leurs fournisseurs, *c'est ce qu'on voit encore.* Cela crève les yeux du corps.

« Mais le désavantage que les contribuables éprouvent à se libérer, *c'est ce qu'on ne voit pas,* et le dommage qui en résulte pour leurs fournisseurs, *c'est ce qu'on ne voit pas davantage,* bien que cela dût sauter aux yeux de l'esprit.

. . . . »

« Vous comparez la nation à une terre desséchée et l'impôt à une pluie féconde : soit; mais vous devriez demander aussi où sont les sources de cette pluie, et si ce n'est pas précisément l'impôt qui pompe l'humidité du sol et le dessèche.

« Vous devriez vous demander encore s'il est possible que le sol reçoive autant de cette eau précieuse par la pluie qu'il en perd par l'évaporation. »

Malheureusement, le peuple ne se pose pas de pareilles questions. « En France, dit Proudhon, il n'y a que la bourgeoisie qui s'avise de critiquer les dépenses du pouvoir. Le bourgeois, homme d'affaires, sait que la dépense a pour contre-partie la recette, ce qui veut dire l'impôt; mais le peuple n'y songe pas, et ce n'est pas sans un certain sentiment d'orgueil qu'il entend dire que le budget atteindra sous peu le chiffre de deux milliards. »

On sait que les deux milliards sont dépassés aujourd'hui de deux ou trois cents millions. Mais si le budget a gagné du terrain, les préjugés du peuple en ont peu perdu. Eh bien ! nous le répétons : telle est la première cause du mal.

Le gouvernement, dont les intérêts sont nécessairement liés à ceux de la France, est loin de vouloir l'appauvrir et la mécontenter de gaîté de cœur. Mais, d'autre part, se sentant absous d'avance par une trop complaisante opinion, il a, jusqu'ici, suivi la pente si facile et si attirante qui conduit aux dépenses excessives ; et il en sera toujours ainsi tant que l'opinion ne lui aura pas résolûment barré le chemin.

Nous avons, dès le début de cette étude, constaté de consolants symptômes. Le pays semble vouloir réagir, désormais, contre les anciens errements. Les leçons de l'expérience, qui coûtent si cher, disait Franklin, auraient-elles enfin porté leurs fruits? Nous l'espérons, sans trop y compter. En tous cas, c'est le moment de redoubler d'efforts pour pousser l'opinion dans cette voie.

IV.

Passant des considérations générales aux considérations particulières, nous arrivons au cœur de notre sujet par la question de l'inégalité qui existe, devant l'impôt, entre la propriété immobilière et la propriété mobilière.

La propriété mobilière échappe presque complétement au fardeau qui écrase la propriété foncière : c'est-à-dire que, malgré la justice, malgré le droit, malgré la constitution, un privilége s'est élevé au profit d'une partie de la richesse publique sur les ruines des priviléges abattus en 1789.

Les droits de la terre à l'égalité devant l'impôt sont évidents, indiscutables. Le vrai principe que la Révolution de 1789 est venu proclamer et inaugurer est bien celui de l'égalité devant la loi, de l'égalité devant l'impôt. Dès le début, ce dernier principe fut aussi exactement exécuté que le premier, et la richesse de la France fut appelée à peu près tout entière à contribuer aux charges publiques.

Si l'impôt sur le capital mobilier ne fut pas créé, c'est

que la mesure eût été inutile, nuisible même, à cette époque. En effet, qu'eût-on imposé alors, puisque la richesse mobilière n'existait que sous la forme où elle se dérobe si facilement au fisc ?

On fit donc, à ce moment, tout ce qui était humainement possible pour que chacun supportât, selon ses facultés, les charges de la nation.

Le législateur de 89 pouvait-il aller plus loin en essayant de protéger ce principe par des mesures préventives ? Non, sans doute. C'eût été empiéter sur le rôle de l'avenir, qui seul devait veiller à sa complète et perpétuelle exécution. La tâche était délicate, il faut le reconnaître ; mais si les gouvernements qui suivirent s'étaient suffisamment pénétrés de l'importance de leur mission et de la responsabilité qui leur incombait à cet égard, nul doute qu'ils n'eussent pu, jusqu'à un certain point, corriger un écart qui a pris, peu à peu, les propensions d'une injustice flagrante.

Il ne s'agissait pas, en pareille occurrence, d'arriver à cette péréquation de l'impôt, justement regardée comme une utopie. A parler rigoureusement, cette péréquation est dans l'ordre économique ce que la quadrature du cercle et le mouvement perpétuel sont dans les mathématiques. Le seul espoir dont on pouvait se bercer était de se rapprocher de plus en plus de cet

inaccessible idéal que la sagesse de nos pères avait pris
pour but. Avant de penser, par exemple, à répartir
l'impôt foncier d'une manière plus équitable, n'était-il
pas tout naturel d'asseoir l'impôt de façon à le faire
également peser sur toutes les manifestations de la
richesse nationale ? C'est à quoi l'on n'a pas songé ;
aussi, les priviléges que nos pères croyaient avoir
détruits ont-ils reparu sous une autre forme, et, cette
fois-ci, sans aucune raison d'être.

L'exemption accordée autrefois aux nobles, privilége
qui, avec le temps, devint une injustice, fut, du moins,
dès le principe, motivée par des services rendus. La
noblesse paya largement l'impôt du sang, et se ruina,
plus d'une fois, en frais de guerre. Elle fut, comme on
l'a dit, l'épée et le bouclier de la France. Quant aux
capitalistes, ils n'ont jamais rendu au pays des services
capables de donner une raison d'être au privilége dont
nous nous plaignons.

Les campagnes, au contraire, ont des bras vaillants,
qui nous rendent, disait dernièrement Thiers au Corps
législatif, le double service de labourer la terre et de
la défendre. — Oui, c'est aujourd'hui l'agriculteur qui
accomplit l'œuvre essentielle, l'œuvre d'utilité première,
et, par un étrange renversement de la justice, c'est le
capitaliste qui est le privilégié !

La Constitution actuelle, dans son article 1er, déclare, cependant, reconnaître, confirmer et garantir les grands principes proclamés en 1789, qui sont la base du droit public des Français. Au premier rang se trouve le principe de l'égalité devant l'impôt. La Constitution est donc violée ; l'usage en a fait une lettre morte.

On n'ira pas, sans doute, jusqu'à le nier, mais les partisans du *statu quo* continueront à se retrancher derrière un *non possumus* que nous allons discuter.

Nos adversaires prétendent qu'il est impossible au fisc de saisir la richesse mobilière sous toutes ses formes ; que, grâce à sa mobilité, elle se dérobera toujours aux charges qu'on voudra lui imposer ; qu'en un mot, la réforme que nous demandons est impraticable.

Cet argument n'est autre chose qu'une déloyale fin de non-recevoir. Si la péréquation de l'impôt est irréalisable, est-ce une raison pour ne pas s'efforcer d'atteindre une proportionnalité plus exacte, partant plus équitable ? Où en serions-nous si nos pères de 89 avaient raisonné comme les partisans de l'immobilité ? Nous en serions encore aux droits féodaux et à la dîme, aux privilèges de la noblesse et du clergé. Souvenons-nous donc de cette nuit du 4 août, pendant laquelle les privilégiés d'alors sacrifièrent avec tant d'héroïsme leurs droits sur l'autel de la patrie. — Après les privilégiés des classes vinrent ceux des provinces ; après ceux des provinces ceux des villes. Et la justice fit, en une nuit, plus de chemin qu'en dix siècles !

La réforme que nous réclamons n'a, du reste, rien que de très-praticable. Il n'est pas nécessaire d'avoir blanchi sous le harnais de l'économie politique pour en être persuadé. Un peu de réflexion suffit.

La richesse mobilière se dérobera à l'impôt, dites-vous ? Dites plutôt une faible partie de cette richesse. Les 11 milliards de la dette française pourront-ils s'y soustraire ? Et les 6 milliards d'actions ou d'obligations des chemins de fer, et toutes les autres valeurs cotées à la Bourse, et celles qui, sans y être cotées, sont connues par des actes authentiques ? Et notez que le recouvrement de cet impôt ne coûterait presque rien à l'État, lorsque le recouvrement de la plupart des autres lui occasionne de si grands frais !

Mais je viens de toucher à la rente, et pour beaucoup de gens c'est porter la main sur l'arche sainte. Imposer la rente, s'écrient-ils, y songez-vous ! Mais ce serait une violation de la foi publique. L'État a contracté un engagement qu'il doit tenir comme emprunteur, etc.

Les économistes qui soutiennent la négative répondent, ordinairement, que l'État est complexe, et que si, d'un côté, il est partie contractante, de l'autre il est pouvoir dominant investi de la souveraineté d'imposer.

Ces deux manières d'envisager la question ne sont ni justes, ni pratiques. A quoi bon, pour le besoin des deux causes, personnifier une abstraction, l'État, pour en tirer une conclusion quelconque? N'est-il pas plus logique, en restant dans la réalité, de se demander qui vote l'impôt? Est-ce l'État? Non : c'est le contribuable, dans la personne de son délégué, le député au Corps législatif. La question est replacée ainsi sur son véritable terrain, et nous serions curieux de savoir comment, au cas échéant, les intéressés pourraient crier à l'injustice et à la violation de la foi publique!

L'injustice! nous saurons toujours de quel côté elle habite, à moins qu'on ne nous montre une loi qui autorise le gouvernement à dispenser un contribuable du payement de l'impôt. Jusque-là nous soutiendrons que tout privilége de cette nature est inique, et nous en appellerons au principe confirmé par la Constitution : chacun doit supporter, dans la mesure de ses facultés, les charges de l'État.

On fait encore à l'impôt sur la rente un singulier

reproche : celui d'avoir pour effet immédiat d'abaisser le cours d'une somme égale au capital nécessaire pour représenter la part de rente prise par la taxe. Il en résulte que l'impôt serait payé par les titulaires actuels, et que les possesseurs ultérieurs n'en supporteraient pas la moindre part. Eh bien ! nous regardons cette objection comme le plus bel éloge qu'on puisse faire d'un impôt. Il permettra de dégrever la propriété foncière, et ne pèsera pas sur l'avenir. Que peut-on désirer de plus ?

Mais croyez-vous que la rente, chargée d'un impôt, baissera dans la mesure que vous dites ? En théorie, cette baisse paraît inévitable, mais en pratique les faits vous donnent un démenti dans des situations analogues. Le gouvernement italien a retranché, un jour, 8 p. 0/0 de la rente qu'il payait à ses créanciers inscrits au grand livre. Qu'est-il arrivé ? Le 5 p. 0/0, qui n'était plus que du 4 1/4, s'est mis à monter. Il est certain qu'en France un pareil phénomène suivrait une semblable mesure. Cette objection n'a donc rien de sérieux.

En somme, il serait souverainement juste d'imposer la rente. De plus, cet impôt aurait l'avantage de ne pas grever l'avenir. Enfin, les possesseurs actuels se trouveraient indemnisés dans une certaine mesure.

Il était nécessaire de discuter un peu longuement la question au point de vue de la rente, car c'est sur ce terrain, véritable clef de la position, que les ennemis de l'impôt sur la richesse mobilière ont l'habitude de se retrancher.

Nous avons dit ce que nous pensions de leurs arguments : le public appréciera.

Avant d'abandonner cet ordre d'idées il est bon de faire nos réserves pour ce qui touche aux rentes hypothécaires. Les frapper d'un impôt ne serait pas frapper le prêteur, mais bien l'emprunteur, c'est-à-dire le propriétaire grevé : la terre, au bout du compte. L'expérience est là pour le prouver. En 1848, un décret du gouvernement provisoire, du 20 avril, établit un droit de 1 0/0 sur les créances hypothécaires, mais cette mesure demeura inexécutée parce qu'on vit qu'elle n'atteignait que le débiteur qui offrait partout de prendre l'impôt à sa charge pour n'être pas forcé de rembourser à l'échéance. Un impôt de cette nature aurait encore le désavantage d'éloigner de la terre l'argent qui, déjà, vient si difficilement à elle. Que deviendrait le cultivateur si, pour se procurer de l'argent, il en était toujours réduit à passer par les conditions des usuriers de village ? Le mal est trop grand de ce côté-là pour qu'on cherche à l'aggraver encore.

Les rentes hypothécaires conserveraient donc leur privilége parce que, jusqu'ici, on n'a pas trouvé le moyen de le leur enlever sans compromettre la cause des populations rurales.

V.

Le système actuel n'a pas pour unique résultat de renouveler le servage de la terre au profit de la richesse mobilière ; il a encore l'inconvénient de séduire cette dernière par de belles promesses, et, la détournant de ses véritables devoirs, de l'attirer, pour le plus grand dommage de l'agriculture, dans les caisses de l'État, ou dans celles des compagnies financières. Pour ce qui regarde l'État, ses emprunts ne sont autre chose qu'un impôt détourné, et c'est à ce titre que nous devons les combattre. Il est facile de comprendre que tant que le gouvernement ne se sera pas rangé un peu, il continuera d'emprunter, et qu'aussi longtemps qu'il empruntera, les charges publiques augmenteront par cela même.

Dans la récente publication du *Progrès de la France*

*sous le gouvernement impérial, d'après les documents offi-
ciels,* nous voyons que les revenus publics s'élèvent actuellement à 2 milliards 18 millions 170,000 mille fr.
D'autre part, les budgets atteignent le chiffre de 2 milliards 200 millions à 2 milliards 300 millions de fr. Il
est donc certain que nous marchons toujours de déficit
en déficit, et d'emprunt en emprunt.

Or, l'emprunt a pour effet immédiat d'aggraver l'impôt. Si l'Empire n'avait pas emprunté 4 milliards nous
aurions, par an, 200 millions de moins à payer. Prêter
à l'État est donc un moyen pour l'individu de se soustraire à l'impôt au détriment de tous.

La terre aurait, sans doute, plus facilement pardonné
à l'argent le privilége dont il jouit si le prodigieux déve-
loppement de la richesse mobilière avait rejailli sur
elle. La terre s'attendait à l'expansion du crédit, à
l'abondance des capitaux. Vain espoir ! Le fleuve d'or
qui devait tout féconder a été détourné de son cours
naturel : on l'a vu s'engouffrer dans les caisses de l'État
et dans celles des compagnies financières de toute espèce.
Une partie a même passé à l'étranger, émigration
aveugle et coupable, et les capitaux se sont de plus en
plus raréfiés dans les campagnes.

De tous nos emprunts publics que reste-t-il, à part
certains travaux utiles qui représentent une bien faible

partie des sommes empruntées ? Le titre. Le titre, qui
n'est autre chose, dit J.-B. Say, qu'une délégation
fournie par le gouvernement au prêteur afin que celui-ci
puisse, chaque année, prendre part au revenu encore
à naître entre les mains du contribuable.— Le titre, qui
tend à immobiliser la fortune publique, au grand détriment de la circulation générale, de la circulation féconde
et de l'échange des produits. Car l'échange et la circulation du titre ont été comparés, toujours par J.-B. Say,
au mouvement stérile d'une meule qui tournerait dans
le vide. Cette circulation ne profite, en effet, qu'aux
agents de change qui gagnent les courtages.

Il faut ajouter que le capital pour lequel l'État a dé-
livré un titre n'existe point. On n'y peut rentrer qu'en
trouvant à vendre ce titre à un tiers. Supposons qu'on
ne trouve pas d'acquéreur, ou qu'une banqueroute an-
nule le titre, la nation en deviendra-t-elle plus pauvre ?
Non, car au lieu du rentier qui recevra le numéraire,
le contribuable gardera ce numéraire dans sa caisse.

Enfin, quel intérêt peut avoir le public à ce que les
titres des dettes existantes circulent rapidement et se
transmettent, ou qu'ils s'immobilisent ? Aucun. Le titre
n'est, de cette façon, qu'une richesse apparente pour le
pays, et s'il est utile que les valeurs circulent, ce n'est
que quand la production et le commerce peuvent en
tirer parti.

Les emprunts ont donc le tort immense de stériliser
et de faire circuler en pure perte une partie de la
richesse nationale. Ils ont l'inconvénient plus grave
encore d'absorber des capitaux pris sur l'épargne desti-
née à la production, et l'on nuit autant à celle-ci par
un emprunt que si on demandait sur les impôts de
l'année une somme équivalente. Aussi a-t-on remarqué
qu'une crise industrielle suivait toujours les grands
emprunts. La crise de 1825 et de 1826, en Angleterre,
a suivi immédiatement les prêts de ce pays à l'Amé-
rique. En France, le milliard payé aux alliés et les 700
millions de l'indemnité des émigrés amenèrent la lan-
gueur de l'industrie. Nos grands emprunts sont aujourd'hui la principale cause et du malaise de l'agriculture et de la stagnation des affaires industrielles et
commerciales.

Peut-être objectera-t-on que l'argent ne manque pas
en France. Oui, à Paris, où il se trouve attiré par l'appât
du jeu. L'argent ne veut plus se prêter au travail depuis
qu'il est devenu joueur. Alléché par la perspective
d'intérêts élevés, de primes, de dividendes, de gros lots,
il déserte les campagnes et préfère les hasards de la
Bourse, ou l'inaction, au mouvement productif créé par
le travail et l'échange des produits.

L'Angleterre, dont le crédit vaut certainement le
nôtre, a sagement renoncé aux emprunts, et s'occupe

d'amortir sérieusement sa dette. Lorsqu'elle s'est effrayée, il y a quelques années, de nos armements, elle a préféré charger son budget de 200 millions, d'un seul coup, pour développer ses moyens de défense, plutôt que de recourir à des *emprunts nationaux,* qui ne sont toujours que des emprunts à un certain nombre de capitalistes, dont les intérêts sont payés par la nation.

Il est temps d'en finir, de notre côté, avec un système qui a le triple inconvénient de produire une augmentation dans les impôts, de stériliser une partie de la richesse du pays, et de nuire singulièrement à la production nationale. En prenant pour règle : qu'à chaque jour suffit sa peine, il est clair qu'on y regarderait à deux fois avant de s'abandonner sur la pente des dépenses ruineuses. On pourrait alors dégrever le présent et ne plus engager l'avenir.

Cette question de l'avenir est bien faite pour éveiller les inquiétudes des esprits patriotiques et vraiment soucieux de la grandeur future de la nation. La génération présente ne doit pas gaspiller l'héritage que lui a légué le passé. Son devoir est de le transmettre intact, sinon agrandi, à sa légitime héritière. Il n'est pas permis à un grand pays de s'écrier, comme ce roi égoïste et corrompu : « Après moi le déluge ! »

VI.

Préciser toutes les réformes utiles et réalisables serait une entreprise au-dessus de nos forces. Ces questions de détails demandent de profondes études, et nous nous souvenons des sages paroles du marquis d'Audiffret : « La tâche la plus difficile que l'on puisse proposer à des hommes consciencieux et instruits, car tout est facile à l'ignorance et à la mauvaise foi, est, sans contredit, la modification du système économique de la France. » Aussi, n'avons-nous d'autre but, dans cet essai, que celui d'indiquer le sens des réformes les plus désirables.

Nous ne ferons donc que dire un mot de la question de l'enregistrement. Le cercle que nous nous sommes tracé ne pourrait renfermer tous les développements qu'il serait nécessaire de lui consacrer. Du reste, nous ne pourrions donner sur tous les points des solutions pratiques. Tout le monde s'accorde, par exemple, à regarder comme souverainement injuste la situation de l'héritier qui paye les droits sur le total d'une succession sans que le fisc en défalque les charges. L'impôt équivaut alors à une confiscation. L'État et le contribuable sont d'accord sur l'iniquité d'un pareil résultat de la loi, mais jusqu'ici on a cherché, sans le trouver, un remède à ce fâcheux état de choses.

Mais il est des réformes à la fois urgentes et praticables. En première ligne il faut placer la suppression de ces décimes de guerre qui n'ont plus de raison d'être en temps de paix. On sait que la moyenne des droits de mutation pour héritages, ventes, donations, etc., est de 6 et demi p. 0/0 pour la propriété foncière, qui rapporte à peine le 3 0/0 ; c'est donc deux années de revenu, et même davantage, que chaque mutation lui enlève. Supposons qu'une vente succède à une mutation par cause de décès, et ce sera le revenu de quatre années que le fisc percevra coup sur coup.

Ces droits exagérés portent, en matière de vente et d'échange, le plus grand préjudice à l'agriculture en condamnant la propriété foncière à ce morcellement infinitésimal et artificiel qui est si défavorable à une bonne exploitation. On ne doit donc pas s'en tenir, pour ce qui touche aux ventes, à la simple suppression du décime qui les frappe actuellement, et qui porte le droit à 6 fr. 5 c. p. 0/0. Un dégrèvement plus sérieux est nécessaire. Pour ce qui regarde les échanges, nous demandons la mise en vigueur de la loi de 1824, autorisant l'échange sans frais lorsque les propriétés sont d'égale valeur, les droits du fisc ne portant que sur la différence. Cette mesure, en favorisant le groupement des parcelles, rendrait à la culture un service signalé, sans être onéreuse pour le trésor. On verrait, en effet, s'effectuer beaucoup d'échanges auxquels on ne songe pas, en l'état, et le fisc se trouverait indemnisé par le grand nombre des différences qui n'échapperaient pas aux droits.

Il a beaucoup été question, pendant la période électorale, soit dans les réunions publiques, soit dans les professions de foi des candidats, de réduire ou même d'abolir les impôts de consommation qui se payent aux portes des villes. La réduction des droits d'octroi serait, sans doute, une excellente chose, mais il est bon de mettre en garde les contribuables ruraux contre une des manières d'y arriver : nous voulons parler du procédé qui consisterait à reporter cet impôt sur la masse des contribuables, comme on l'a fait chez une nation voisine.

En 1861, on a supprimé l'octroi en Belgique : 78 villes ont vu tomber leurs barrières. Le produit de leurs octrois s'élevait à 14 millions. Pour combler ce vide, le budget de l'État a dû allouer annuellement à ces 78 villes les 14 millions qui étaient nécessaires à leurs frais d'entretien, et cela au détriment de la masse des contribuables, c'est-à-dire au détriment des populations rurales, qui, jusque-là, comme partout ailleurs, étaient demeurées étrangères aux dépenses des villes.

Et cette suppression a-t-elle été favorable à la population des villes ? Non, l'effet a été nul, nuisible même, d'après Proudhon : la viande n'a pas baissé, les boissons non plus, car les paysans se sont efforcés d'élever le prix des denrées afin de se rembourser de la part qu'ils devaient payer dans les charges nouvelles. En somme, les villes de Belgique se sont délivrées de l'octroi au moyen d'une subvention payée par l'ensemble des contribuables, mais leur population n'en a tiré aucun profit.

Si en France on procédait de la même manière on arriverait au même résultat négatif. On lit dans le *livre de la propriété*, de Thiers, écrit en 1848 : « On se plaint de l'impôt indirect, celui qui frappe le peuple des villes, car c'est ce peuple qui est toujours préféré à l'autre. On voudrait supprimer ou réduire cet impôt, et assurément si on peut le diminuer je ne demande pas mieux ; mais déjà, il y a dix-huit ans, nous avons éprouvé que la diminution de l'impôt sur les boissons a profité à quelques cabaretiers plutôt qu'au vrai peuple. Quoi qu'il en soit, j'admets un nouvel essai en ce genre ; mais sur quel impôt reportera-t-on la charge ? »

Là se trouve la grande difficulté, qu'il est inutile de

chercher à résoudre ici. — Tout ce que les campagnes demandent, c'est qu'on ne rejette pas, comme en Belgique, le fardeau sur leurs épaules. L'exemple cité plus haut démontre, du reste, que ce serait les surcharger en pure perte, et que le peuple des villes n'y gagnerait rien. A nos yeux, soit dit en passant, les villes n'ont guère d'autre moyen pour réduire leurs octrois que de réduire leurs dépenses. Quant à rejeter cet impôt sur les cotes foncières ou mobilières et sur les patentes, ce serait, peut-être, tomber encore dans un cercle vicieux, car si, d'un côté, le vin et la viande diminuaient de prix, les logements et les vêtements augmenteraient de l'autre. Il y a, cependant, quelque chose à faire dans ce sens, et nous appelons de tous nos vœux la découverte d'un moyen pratique capable de tout concilier... Il est évident que, ce moyen découvert, et les villes prenant sur elles de réduire leurs octrois, les campagnes ne pourraient que se féliciter de cette réduction.

Clamageran, dans son histoire de l'impôt, fait remarquer avec raison que la prédominance des impôts indirects nous menace, en cas de crise, des plus cruels embarras. C'est un grave reproche au point de vue général, mais il faut reconnaître que, en ce qui touche les campagnes, les impôts indirects sont préférables aux impôts directs.

Dans l'ancien régime, sous Louis XIV, la banlieue de

Rouen était connue des financiers comme un phénomène de prospérité digne d'être imité partout. On y avait converti les tailles en impôts sur les consommations, et Vauban, le plus sage des réformateurs, la proposait comme modèle à Louis XIV à cause du spectacle de bien-être qu'elle présentait, et qui contrastait avec les pays environnants ruinés par l'impôt direct.

L'impôt indirect est l'impôt des pays riches et libres. L'Angleterre vit de l'*excise* et des douanes. Dans les campagnes, l'impôt indirect frappe la richesse dans sa manifestation naturelle et volontaire, tandis que l'impôt direct, exagéré comme il l'est, frappe trop souvent la pauvreté, qui ne peut s'y soustraire.

Combien de fois n'arrive-t-il pas au cultivateur de payer des droits de succession sur la totalité d'un héritage en partie dévoré par des dettes ? Et lorsque sa terre n'est plus que le gage de créanciers hypothécaires, ne paye-t-il pas pour une propriété qui, dans le fait, ne lui appartient plus ? Autant de cas qui ne peuvent se présenter lorsqu'il s'agit d'impôts indirects.

Mais pour que ces considérations présentassent un intérêt pratique il faudrait qu'il fût question d'établir de nouveaux impôts sur les populations rurales. Dans ce cas, et entre deux maux choisissant le moindre, elles devraient préférer les impôts indirects, parce qu'ils se prêtent, dans les campagnes, à une proportionnalité beaucoup plus effective que les impôts directs. Ne sait-on pas, du reste, que ces derniers atteignent actuellement les limites extrêmes du possible, et que, grâce aux inégalités de taxations entre les départements, ces impôts s'éloignent de plus en plus de la péréquation à mesure qu'ils s'élèvent !

La conclusion est donc : qu'il ne faut toucher aux impôts directs que pour les diminuer.

VII.

On sait maintenant quels sont nos principes en matière d'impôt. Ces principes, proclamés en 1789, et inscrits dans la Constitution de 1791, établissent que les charges de l'État doivent être indistinctement supportées par tous les citoyens dans la mesure de leurs forces. Partant de là, nous résumons nos demandes dans cette formule : « Égalité devant l'impôt par une proportionnalité plus réelle et plus équitable. »

Il est inutile, au point de vue pratique, de s'occuper des systèmes de réformes mis en avant par certains novateurs, car parmi ces systèmes il n'en est pas un qui ait pu se soutenir devant une critique sérieuse. Proudhon, dont on ne peut suspecter l'audace en matière d'inovations, les a tour à tour réfutés dans sa *théorie de l'impôt* pour arriver à reconnaître, comme nous, que le système actuel, fruit spontané et nécessaire de la nature des choses, est, sans contredit, le meilleur, malgré toutes ses imperfections. Ce sont ces imperfections qu'il faut combattre en prenant, comme lui, pour devise : « Des réformes toujours : des utopies jamais. »

En somme, les idées dont nous poursuivons le triomphe sont, en matière de finances, celles que les honnêtes gens de tous les partis ont récemment proclamées, en politique, par la grande voix du suffrage universel. Ils ont demandé, en politique, le progrès par la liberté sans révolution, comme nous demandons, en matière d'impôt, le progrès par l'égalité au moyen de la simple application d'un principe, qui, depuis quatre-vingts ans, fait partie de notre patrimoine social.

Le principe de l'égalité devant la loi est appliqué depuis 1789. Celui de la souveraineté du peuple ou de l'égalité devant le vote l'est également depuis l'inauguration du suffrage universel. Le principe de l'égalité devant l'impôt reste seul à réaliser.

Il est temps que cette anomalie, après avoir cessé d'exister *de par la loi*, cesse aussi d'exister *de par l'usage*. On a beaucoup parlé des libertés nécessaires : n'oublions pas qu'il est aussi des égalités nécessaires, et que celle que nous réclamons doit venir en première ligne. Que chacun, désormais, supporte, selon ses facultés, les charges de l'État, comme chacun est soumis aux mêmes lois, comme chacun prend la même part dans la souveraineté nationale.

Il faut donc conclure avec nous, à moins d'être brouillé avec la logique, à la répartition équitable et proportionnelle de l'impôt sur toutes les sources de la richesse. L'agriculture seule, en raison des immenses services qu'elle rend, devrait être privilégiée si le temps des priviléges n'était pas passé. En soutenant la cause des campagnes nous ne réclamons pour elles que la justice, rien que la justice, mais aussi toute la justice.

Et cette justice, nous la revendiquons non-seulement au nom du droit, mais encore au nom de l'intérêt

général. Car il est évident que, dans une nation essentiellement agricole comme la France, la sollicitude des
gouvernements, sérieusement désireux d'améliorer le
sort des masses, doit, tout d'abord, se porter sur l'agriculture.

En 1848, un représentant du peuple s'écriait :
« Quand le bâtiment va, tout va. » Après dix-sept ans
de démolitions et de reconstructions, lorsque l'orgie de
la truelle et du moellon touche à sa fin, et que la France
tout entière en pousse un soupir de soulagement, il
est inutile de réfuter cette maxime. Ce n'est pas du
bâtiment dont il fallait s'occuper si fort, mais de
l'agriculture. Quand la charrue marche, tout marche :
voilà ce qu'il eût fallu dire. Lorsque l'agriculture languit, tout languit : — telle est la vérité.

Ces agitations, ces sortes d'accès de fièvre, qui, dans
plus d'un grand centre, ont signalé ces derniers temps,
accusent un état maladif. L'organisme souffre, la tête
travaille. Mais où sont les causes du mal ? Elles sont
dans les dépenses excessives qui créent la cherté ; elles
sont dans la cherté qui engendre le paupérisme. Sortez,
si vous le pouvez, de ce cercle vicieux. Mais il est inutile
d'y songer si vous n'êtes bien résolus de revenir à l'économie et au contrôle dans les finances. Et, surtout,
gardez-vous de croire que, lorsque l'ordre se trouve

rétabli et le calme revenu, le mal a cessé d'exister : il reparaîtra demain, car vous n'avez pas devant vous un mal local, mais bien les accidents d'une affection qui continuera à vous miner sourdement. C'est donc sur l'organisme entier, et par des mesures générales, qu'il faut agir, c'est-à-dire en améliorant le sort de l'immense majorité de la nation.

Le Gouvernement doit être le premier à le comprendre : l'époque des temporisations est passée. Son intérêt le plus cher lui commande de prêter l'oreille aux justes réclamations des campagnes. Il faut qu'il songe sérieusement à soulager ces populations qui lui sont si dévouées, et qui, jusqu'ici, ont été si mal récompensées de leur dévouement. S'il entre dans cette voie, il se refera une seconde jeunesse ; il reprendra de nouvelles forces comme Antée au contact de la Terre, sa mère. Puisse-t-il comprendre toutes ces choses avant que les campagnes se soient lassées d'attendre l'heure du berger !

Quant à nos députés, nous croyons savoir d'avance quelle sera leur attitude. Ils n'ignorent pas combien sont pressants les besoins de leurs commettants, et ils se souviendront des promesses qu'ils ont faites. A quelque parti qu'ils appartiennent nous comptons les voir, sur le terrain des finances, dans une complète communauté d'idées. Ils comprendront tous, sans doute, quelle nécessité inflexible leur impose une ligne de conduite dont aucun compromis ne doit les faire dévier. Ils songeront, en un mot, si, par hasard, on les presse encore de voter des dépenses excessives ou des entreprises ruineuses, qu'en pareil cas l'opposition est le plus saint de tous les devoirs.

Ici se termine notre tâche. D'autres viendront, avec plus d'autorité, tenir plus haut et plus ferme le drapeau que nous avons essayé de soulever. Il nous reste à nous excuser auprès du lecteur d'avoir soutenu avec si peu de talent une si excellente cause. Nous sommes, néanmoins, fier d'avoir, en sondant ses aspirations, senti battre à côté du nôtre le cœur de cette grande et patriotique France agricole, *alma parens!*

Vienne, imp. et lith. de J. Timon, rue des Capucins, 7. — 1869.

www.ingramcontent.com/pod-product-compliance
Ingram Content Group UK Ltd.
Pitfield, Milton Keynes, MK11 3LW, UK
UKHW031746170726
13836UKWH00002B/903